THE FAMOUS DESIGN

亚太名家别墅室内设计典藏系列之二 一册在手，跟定百位顶尖设计师
不 可 不 看 的 别 墅 风 格 大 全

都市简约

北京大国匠造文化有限公司·编

U0353327

中国林业出版社
China Forestry Publishing House

图书在版编目（ＣＩＰ）数据

亚太名家别墅室内设计典藏系列. 都市简约 / 北京大国匠造文化有限公司编. -- 北京 : 中国林业出版社,2018.12

ISBN 978-7-5038-9853-2

Ⅰ . ①亚⋯　Ⅱ . ①北⋯　Ⅲ . ①别墅－室内装饰设计　Ⅳ . ①TU241.1

中国版本图书馆CIP数据核字(2018)第265939号

责任编辑：纪　亮　樊　菲
文字编辑：尚涵予
特约文字编辑：董思婷

··

出版：中国林业出版社（100009 北京西城区德内大街刘海胡同7号）
网站：http://lycb.forestry.gov.cn
E-mail：cfphz@public.bta.net.cn
印刷：北京利丰雅高长城印刷有限公司
发行：中国林业出版社
电话：（010）8314 3518
版次：2018年12月第1版
印次：2018年12月第1次
开本：1/12
印张：13.5
字数：100 千字
定价：80.00 元

··

|亚太名家别墅室内设计典藏系列之二 | 目录 |

|中式风韵 | 都市简约 | 原木生活 | 欧美格调 | 异域风情 | 自由混搭 |

一亩暖阳

A Warm Home

主案设计：陈文茵
项目面积：396平方米

- 宽敞的空间不受任何格局的限制。
- 感受每分每秒宁静的片刻，体会到的将是生活故事的序幕。
- 若把工业风的冷冽比喻成冬日，这空间则是冬日中的一亩暖阳。

　　如果没有蜜蜂的存在，花朵始终只能成为一朵未有结果而凋谢的花，而我们为这个空间放入的正是工业风最缺乏的元素"温度"，天与地无形中一寒一暖，使这两种不同的材质相互调和而成有温度的工业风。

　　透过有温度设计的润饰，让昔日充满工业风格的铁件有了新的存在价值，好比寒风遇上暖阳，当我们跳脱出刻板的思维想法，形成的不会是排斥，而是将会涌现出更多不同的创新，在暖阳的照射下也将会擦出不同的火花。

　　以冰冷铁件结合富有温度的木质，细腻的手染清水模及红砖文化石取代粗犷裸底的水泥墙，平滑质感的黑色陶瓷烤漆更赋予门片、面板颠覆不同于以往的视觉与崭新面貌，拥有丰富层次却不失俐落，呈现出工业精神中的独特性。

朴·蕴

Simple · Exquisite

主案设计：胡建
项目面积：600平方米

- 朴：实而不华。
- 蕴：含而不露，宽和涵容。
- 以实而不华、含而不露的气质作为构思起点，藉由东方智慧及禅意贯穿于建筑外观至室内之间的设计方向。

一层平面图

二层平面图

设计师深谙设计中"放"与"收"的辩证关系，在本案中的"收"为主体设计语言，采用常见之木材、石皮、壁布、乳胶漆等作为装饰主材，倾力打造一种阅尽繁华，生看云起的朴素质感，于平凡中见动力，于细微处见格局。整个一楼区域善用延伸的空间架构，远近位移，内外隐现，互为框景。厨房天花造型则在西式厨柜空间引入中式的屋顶元素，隐藏的木格隔栅移门让餐厨空间"隐""现"自如。室内主体楼梯直白大气，以雕塑般的稳重质感连接二、三楼区域，楼梯间的吊灯造型与室内格局摆设相得益彰，形成听风观雨落的空间感受。可说风情皆藏于细节之处。二楼主卧等区域，风格、色彩及元素仍延续一楼调性，空间感和隐私度被拉展开来，注重人文精神及身心放松的功能进一步放大。

纵观全案，空间的分割串联，材质、色彩的运用，设计师都表现出了"举重若轻"的创意能力，带来了无形却有意的空间感受。

掌控与自由

Control And Freedom

主案设计：蒋聪
项目面积：450平方米

■ 共同创造的一个沉稳大气中透着活泼与明朗的作品。

■ 美式风格的基础上，加入中式禅意生活元素。

■ 居住空间要有着与居者相同的气质与态度，居住在与自己三观相同的空间里才可以做最真实的自己，时而沉稳严肃、时而挥洒自如。

　　本案的空间布局建立在两套联排别墅打通后的基础上，充分利用自然采光让空间的互动更加紧密。在功能布局上满足业主掌控全局的人生态度，在具体细节上又顾虑到他浪漫随性的生活习惯。餐厅与厨房紧邻庭院，居住者可以在自然中享受最惬意的家庭休闲时光；灯光的处理透漏设计师细腻的小心机，以分散而柔和的光线呼应每一个空间，让深色系的木饰面也变得活泼而俏皮，生活的温度跃然而出。

　　考虑风格及周边环境的因素，在选材上没有追求过度的奢华，墙面以木为主，体现居住者功成名就后对人生的掌控和对生活的理解，自由才是最棒的掌控全局。

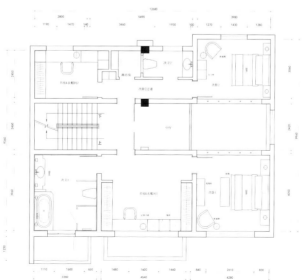

一层平面图

艺墅

Art Villa

主案设计：蓝鹭翔
项目面积：450平方米

■ 现代风格与东方元素的协调结合最终呈现舒适的人居空间。

■ 选材上没有浮夸的材质造型表现。

■ 大隐住朝市，小隐入丘樊。丘樊太冷落，朝市太嚣喧，并将"行"的哲学，实践于空间美感中。

　　本案坐落于一个闹中取静的精致社区，拥有采光良好的优势条件。屋主为一个三世同堂的家庭，对于自己居所的期望则是具有质朴宁静、返璞归真的情怀，但儿子的独立空间的设计却希望在整体风格上更趋向于时尚感，所以两者的融入也显得异常重要。由于室内单层空间面积不大，为了满足使用功能以及实用性，此案再设计上运用了暗门、暗柜的处理手法，在公共空间中齐具各式功能却不显琐碎。并且运用了一些轻巧的细节和材质的变化来增添空间的丰富性。

　　本案为小区住宅顶层，为四层楼空间，一个三世同堂的居家空间。一楼空间作为会客以及就餐休闲的空间，二、三楼上则为纯休息空间，实现动静分离的空间规划，保证生活与休息的合理划分。

京城幻想曲
Beijing Fantasia

主案设计：Thomas Dariel / 设计公司：莱盟迪塞纳装潢设计（上海）有限公司
项目面积：1500平方米

■ 风格化的当代艺术作品点缀着整个空间。
■ 流线型的灯光造型柔化了大空间的空旷感。
■ 明亮强烈的色彩、装饰性的表面纹饰、不对称的线型和形状都蓄意带来一种奇特而有趣的氛围。

　　这个1500平方米大的公寓坐落于繁华的北京三里屯地区，超凡的装饰设计完全体现出业主不凡的性格。楼顶最上面的两层总共12个小公寓被全部打通组合成一个复式公寓，通过创造大容积的布局，设计师给予了这个室内设计巨大的空间感。

　　制造开放性的空间是首当其冲。一楼就是一个巨大的开放式区域，没有任何隔断。设计师运用不同的纹理、材质、颜色、线型和造型来区分不同的空间，让每个空间诉说不同的故事。空间布局方式也奠定了整个设计的基调，设计师在向后现代主义致以崇高的敬意。各种不同颜色碰撞出的火花，打造一个能带给人真实体验同时又感到舒适的家。

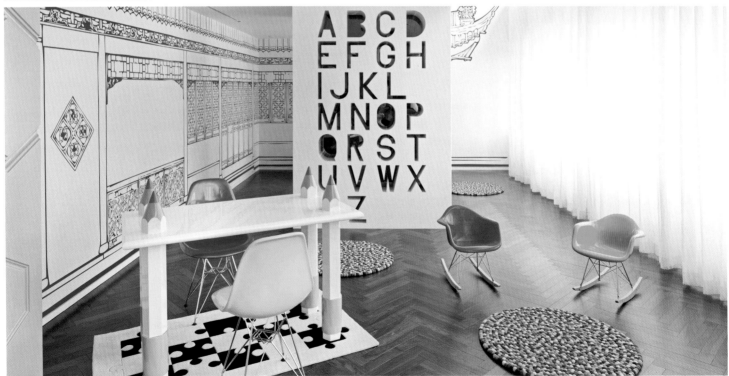

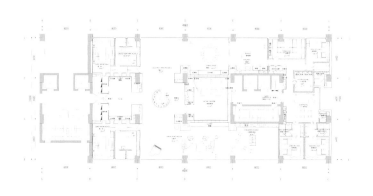

平面图

型格
Stylish

主案设计：陆槛槛 / 设计公司：陆槛槛空间设计
项目面积：140平方米

■ 电视墙面巧妙地将纯色护墙板和高亮度的白色面包砖交会，
质感尤佳。

■ 大片落地窗，整体一面的沙发背景，简单勾勒线条的凝练。

■ 整体色彩协调，素淡的空间，在阳光下呈现出宁静、明亮的
氛围。

平面图

　　在极简风潮越刮越烈的时下，当精细奢华与艺术创意邂逅，极简势力更显壮大。设计师意欲打造自然、舒适的现代雅宅，开放式的格局设定，使空间视觉与光线得以延续串联，结构上从整体维度出发，以空间为框，形成一种存在共筑的和谐状态。

　　本案中客厅、餐厅、厨房的关系采取自由开放的平面格局。无高低差的平整地面，均采用灰色复合大理石，利用其保养方便、易清理并贴近自然质感的特性，传达出设计的巧思，营造出舒适的场景，更点出了全区域畅行无阻的概念。卧室的色彩为温润的淡雅色调，充满生活的温度。纵观全景，整个空间没有多余的色彩、累赘的粉饰。

场景融合
Scene Fusion

主案设计：张祥镐
项目面积：300平方米

■ 注重以简洁的线条和明亮的色块进行空间组合与区分。
■ 选材上，颜色强调黑白灰的体、面对比。

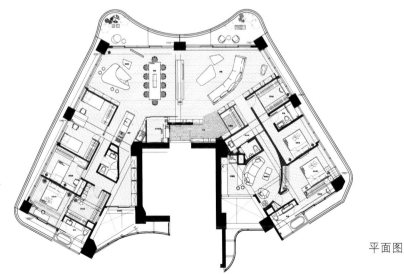

平面图

无名
Unknown

主案设计：朱印辰
项目面积：145平方米

■ 当代艺术画及罗马柱头等装饰，营造不一样的艺术氛围。
■ 餐桌与橱柜搭配出早餐吧台，具有生活状态的画面感。
■ 床头边几与摩登家具的对撞，白色烤漆雕塑宠物狗，时尚独具一格。

本案在空间处理上采用了包容的状态，空间与空间对话加强，空间能够感受人的状态，人能够感受空间的存在，让空间也变得有思想，就算是一个人在空间，你也会觉得在和空间对话，时而安静，时而欢乐，时而稳重，时而趣味。

空间结构上原有的空中花园变成多功能区，可以作为书房，靠近落地窗的休闲椅让人更愿意在此小憩，厨房与餐厅打通作为共享区，增加餐厅与厨房的互动性，客厅家具及墙面的材质运用让空间显得稳重又不失时尚和品味。主卧空间让人安静，不管是色调、灯光还是材质肌理都能让人得以放松。

平面图

纯白之境

Pure White

主案设计：池陈平
项目面积：255平方米

- 黑、白、灰的简单过渡让家居在光影中更见优雅。
- 整体线条刚柔并济，多数收纳空间都被设计在一个个立体的白盒子里，建筑感极强。
- 大面积落地窗带来了绝妙的光影，窗外的自然风光如画般映入室内。

这是一个颇具时尚气质的极简空间，深深吸引着我们的目光。设计师和主人以两颗年轻而不羁的心，为我们碰撞出一个艺术、原始、童趣、克制的极致空间。

儿童活动室以"线塑"为理念，摩登而艺术。依托不规则的线条来实现，线条、几何、多边形被反复执拗的利用，却依然和谐地存在于书柜、地面、顶面的边角、墙面的装饰画等各个细节之处。

白色对光线最为敏感，通过巧妙安排自然光、布局室内光源的比例和位置，纯白的空间有了光线的照入，自然而然带来了明暗，带来了一年四季——一天之中永不相同的光影变幻。

移步换景之中，看到空间的张弛有度，看到光影变幻，窗外的自然构成室内的画卷，营造出别样的感官体验。

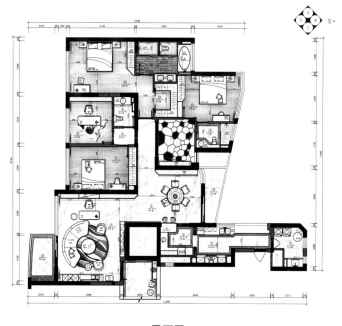

平面图

李家

Lee House

主案设计：李超
项目面积：170平方米

■ 客厅如同水墨山水画般淡然素雅，亮色的摆件瞬间提亮室内。
■ 透光板的线条点亮了悬空吧台旁空间的死角。
■ 冷淡主卧墙面质感下，艳色的单椅、抽象的挂画、切割的主卫墙面砖在空间中剧烈激荡回响。

平面图

设计师向往素雅恬静风格的同时，却也割舍不掉对艺术与色彩的偏爱。本案原本结构较为闭塞局限，有些空间浪费严重，是一个中规中矩的户型。因此设计师在功能处理和格局的改造上下了不少功夫，可以说设计过程更像是一次探索。

敞开式的厨房及客厅电视墙背景都采用烤漆白的面板，配以温润的木皮墙面，将空间都浸沐在匀净下，地面绵延着大面积行云流水般的瓷砖。客厅电视墙的主背景采用熊猫白大理石，中间电视区留空下的哑光黑色钢板，将黑白韵律演奏得恰到好处，设计师用当时中间那块取掉的石材跟玻璃设计成了茶几，可以说给予了业主期待之上的惊喜。

青春前卫

Avant-garde

主案设计：Grahame Elton
项目面积：250平方米

■ 流向性弧形吊顶与地花搭配，清新，让人眼前一亮。
■ 色彩亮丽，搭配干净，彰显青春活力。

本案的设计给城市带来了一股现代清新风。设计师采用流向性弧形的吊顶配合地花的搭配，使整个空间更加灵动。开敞式的厨房搭配客厅，为现在主流的home party提供了一个特有的空间，别具一格。

设计满足了使用者对空间的功能性和美观性的共同需求。同时，时尚的摆设使空间多一分前卫。设计师强调一切的设计均由概念出发，再围绕功能进行细节设计。

放松

Ralex

主案设计：刘东
项目面积：176平方米

■ 深咖色市质家具与白色亮面烤漆家具形成呼应。
■ 装饰摆设创意十足，起到画龙点睛的作用。
■ 设计精致纯粹，对空间、光线、结构秩序的把握合理。

对刚刚步入不惑之年的人来说，事业的压力、家庭的负担让他们更需要一个简单而舒适的环境，给自己的身心一个放松的空间。设计师便采用现代简约风格整合了自然风景和建筑空间。

两个人居住的空间，经常有朋友来家里聚会，所以设计师在空间上按照新的生活方式来规划，营造简单大方、舒适休闲、时尚自然的氛围。设计师在空间大功能分区上没有进行很大的改造，在原有的功能上对各个分区进行了详细的家具布置，例如公共区域将客厅、餐厅的布置处于开放状态，这样能使空间的功能得到很好的利用。

平面图

峰里绵延

Montains

主案设计：俞佳宏
项目面积：135平方米

■ 采用对称的手法，不对花的石材，和谐的分割比例。
■ 利用墙体对称性拉出中轴的平衡感。
■ 冷冽的石材搭配温暖的市纹，具有强烈的视觉冲击。

　　山的棱线层层叠错，勾勒出一道道的轨迹，石头的雕琢呈现自然的原型，木纹的线条刻划出细腻的感动，自然的肌理将绵延不绝的延续。

　　以大自然的元素搭配窗外的景色铺陈于各个空间，透过光与影围绕洒落在纯粹材质中。自然的纹理温润了利落的线条，更以中轴的概念串连所有的空间机能，淡化空间的零碎性。

　　自玄关起，自然石皮与不规则的木纹分割，自然的语汇铺陈于美学的空间中，屋外山峰绵延持续延伸至天花板，高低交错，以自然的木头纹理跨越彼端，营造丰富与内敛的自然之美，灰色调的地面材延续自墙面，大自然的石皮和窗外的光线依循着利落的线条，创造出峰里绵延的剪影。自然的木纹作为动线的延伸，如同树的枝干穿梭在屋里每个角落，自然的生长着。

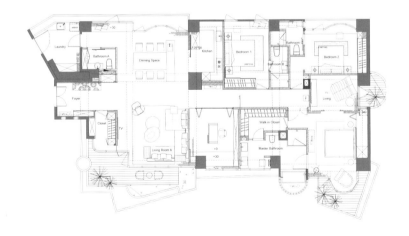

平面图

清露晨流，新桐初引
Early Morning

主案设计：李启明
项目面积：170平方米

■ 以白色为主基调，搭配咖色的家具和精练简洁的灯饰。
■ 别致一格的家具与配饰融入富有质感的地板，时尚有层次。
■ 软装色彩搭配自然，具有灵性，更年轻、生活化。

　　安静，不需要什么惊心动魄的大景观，只是一个序幕初启的清晨，只是清晨初映着阳光闪烁的露水，只是露水妆点下的梧桐树初抽了芽，遂使得人也变得纯洁灵动起来。设计师钟爱清晨，尤其喜欢感受清晨时分特有的新鲜、清透感觉。当薄疏的晓雾被轻风驱散得几近消散时，对家的向往也似乎渐渐明朗起来，此刻的人们不禁憧憬、规划着理想生活。

　　于是设计师遵循生活之美，希望把这股清新自然之风带给居住者，从而使其体验到充满活力且富诗意的生活环境。在空间规划上打破常规，扩出餐厅与楼上书房的流动区域，将整体材质和设计融为一体，呈现出一种兼具功能和静谧氛围的空间层次。大块面墙体穿插搭配与色彩搭配营造出多层次的居家氛围。

平面图

曾经的黑与白
Black and White

主案设计：周令
项目面积：150平方米

■ 空间设计的颜色非常统一，不多一分色彩。
■ 亮黄色沙发十分醒目，夺人眼球。

平面图

　　设计师将空间的功能性与合理性叠加，空间划分更注重于各个功能区的空间逻辑关系，阳台浪费的空间融入到客厅，书房与主卧室的套房连接使得业主有更多的私密性，主卧飘窗拆除后独立设置了休闲沙发，让业主有更多浪漫的私人空间。

　　天然开采的树木在客厅、卧室扮演了不同的角色，不同的木色调给人不同的心理感受。天然石材在原木之间穿插着，石材本身的冷与傲在穿插之间慢慢地消散，静静地融入在这自然之中。

　　营造属于自己的世界，写意自己空间。

院·拾光

Beautiful Sunshine

主案设计：郭侠邑 / 设计公司：青埕空间整合设计有限公司
项目面积：133平方米

■ 浴柜镜台打造酒店氛围印象。
■ 温润质朴的实木，串起自然轨迹，打造温馨沉稳的空间卧室。
■ 以雪白、银灰、灰紫、巾色调展现柔和的优雅感，构成宁静与安定的空间氛围。

　　空间的叙事与情感是设计师一直专注的事情。在本案中，他依旧相信空间温度与情感的重要性。他将公共领域及私人领域重新进行分配并划分，开阔大器的格局配置让情感交流与私密生活充满灵动性。

　　坐在阳光间，一面享受窗外开阔的视野，一面品味屋内安宁与恬静。设计师将整片全开放式迎光落地窗的场域留给家人共同生活的区域，将书房、客厅、餐厅、厨房连成一线，宽阔大器。空间的存在，以人为主的精神，显现出个人品味与生活态度，构成宁静与安定的空间氛围。坐在窗边感受时光缓缓的流逝，光影的流转与消长，真正自然与自在地享受生活。

布鲁斯小调

Blues

主案设计：殷志伟
项目面积：220平方米

- 元素的诠释全面、立体，空间饱满。
- 设计高雅脱俗，打造全新生活概念新时尚。
- 运用不同明度、饱和度的蓝色还有邻近色和对比色，使空间变得更有层次。

本案的构思来源于业主对蓝色的喜爱以及对时尚的不凡追求。

蓝,是唯一一种因为平淡而不凡的色彩,有着天空的博大与大海的深邃,有着高雅而脱俗的气质。蓝调主义,是一种蓝色情结,一种唯美无暇的精神向往;同时也是一种蓝色文化,一种能把物质与精神融合并将它们精致化的生活主张。

蓝调主义,用来概括这样一群人,他们追求流行时尚中最精华的部分,并将其引进生活,而后构建一种全新的生活概念并让其成为新的时尚。

纷繁复杂的个性世界中,找到属于自己的"家"。

简约空间的整合
Simple Space

主案设计：王智衡
项目面积：242平方米

■ 用极简设计美学融合美感的明亮家居，特色鲜明。
■ 深浅色互相调和，线条利落简洁，带出极简设计风格。
■ 材质的运用考究、质朴，具有特别的视觉感受。

本案的特色在于它的独特结构，令布局的编排上更具弹性。

在大厅的设计上，保留原有阅读室的位置，把装上了特式墙的厅堂微调成长方形，显得空间更俐落。

在私人区域的编排上，重新规划成主人套房及三间大小相约的孩子房。设计师特意把孩子房以门分隔，增加活动空间的灵活性。

设计师利用宽敞的空间走向使现代简约风格显得更开阔大器，例如金色哑面的吊灯，让家居添了一份优雅。整体环境在视觉上具穿透性及细腻质感。设计师把美感充分体现在选材、颜色上，而空间布局也达到了业主的需求，兼备了居家该有的舒适感及无压感。

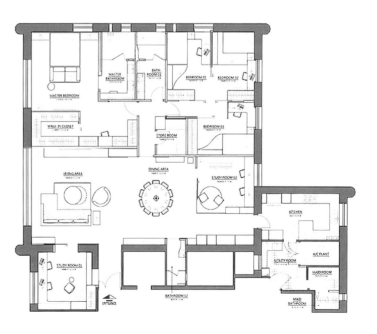

平面图

直白
White

主案设计：应磊杰
项目面积：300平方米

■ 以纯白色为主基调，搭配简约、有质感、有肌理的材质，缔造高品质的生活。

■ 硬朗与柔和，简洁与精致，空间"空" "灵"结合统一。

"直白"是这个空间的属性，是与人交流的淳朴状态，纯白且纯粹。洗去浮华的表象，用"直白"的方式，阐述空间和生活的本质！

直线是最基础的结构体现，白色是最原始的自然色块，当两种基础元素构建在一起时，便成为空间"灵"的属性，而把空间的结构和色调以最基础两种元素作为基准，也是对"极简"的致敬！

以空间的使用和舒适度做为基础前提，以中轴线为对称中心的设计构想，实现了空间南北通风最大程度优化，以及空间自然光照引入。通过对直线条的合理应用和细节处理，形成了空间的自然、和谐、舒适。

阁楼生活
Loft

主案设计：任萃
项目面积：140平方米

■ 卧室纯白与浅木色的轻柔搭配，温馨浪漫。
■ 空间色彩以灰色为主基调，沉稳庄重。
■ 钢件家具以木料点缀，呈现有机跃动。

　　大隐隐于繁华。台北城逸仙路巷弄中陈公馆，秘密轻奏着不同于繁华城市的旋律，每个音符盈满了人文艺术与自由的能量，为一对夫妻每次浪漫出走前的安栖之所。

　　每与朋友家人的欢聚笑语凝聚了一室的爱与能量。客厅与餐厅的开放令空间自由伸展，慵懒斜躺的L型宽敞沙发，拼装木栈板几何勾勒，融汇老城区与工业风格的人文品味。开放式厨房的Lounge Bar，的桌面冷冽金属银光流淌，高脚椅斜靠，温润木质与工业风格铁件的冲突此刻相拥互融，粗犷材质中却显露纤细。藏匿于通往阳台走道的主卧室，床头以活动式隔板划破了与客厅公共空间的界线，宛如空间的表情转换。

　　最初LOFT的意义仅是谷仓仓库，而现在成为了一种认真的生活风格，揉杂了人文思想与工业风格，显得纯粹。轻巧隔间的游走盈蕴不羁自由的空气，创作饱满艺术。

都市减压
Decompression

主案设计：俞佳宏
项目面积：231平方米

- 空心砖与不锈钢、市头的搭配。
- 具有粗犷休闲的现代感。
- 大地色系与其他材质的混搭，创造新的空间价值。

现代减压的空间为忙碌的都市生活提供了一个自在的避风港。设计师在空间规划及选材上十分讲究，他在空间中纳入奢华与自然调和的风格元素。

电视主墙以俐落时尚的石材，透过线性切割表现深不见底的"森林"，成为空间不容忽略的美丽景致。沙发背墙以收纳创造环状动线，背面嵌入无燃烟的酒精壁炉，在珊瑚白大理石中缓缓释放温度。纳入经典的时尚色调亮点休憩区的设计，将原先三房的格局改置为双主卧空间，几乎对称的空间格局，双十轴线将整体空间串连，创造了现代人文的新空间。

双生蜕变

Double Metamorphosis

主案设计：江欣宜 / 设计公司：缤纷室内设计工作室
项目面积：198平方米

■ 使用现代简洁家具线条兼容多元材质型式的建材，创造法式
休闲的新古典空间。

■ 沙发上点缀钛丝图腾抱枕搭配时尚造型的圆桌，营造奢华、
优雅的视觉享受。

BALENCIAGA
AND SPAIN

　　设计师用巴黎30年代的装饰风格（ART DECO）营造出低调却奢华的生活质感。她用简约的处理态度、美好的比例、丰富的装饰性，颠覆传统的美学表现。

　　客厅背墙以具有品牌精神的布艺裱框作为背景，彰显业主对于法国工艺所洗炼经典文化的追求，展示柜内色彩饱和、质感典雅的精品旅游画卡，透露业主本身丰厚的人文质感品味；在空间配置的中心位置，摆设开放式中岛吧台，结合长方形餐桌环绕动线的设计，让居住的上下两代能有紧密的互动也能惬意的生活。

　　当太过拥挤的压迫来临，蝴蝶便无法完整蜕变。将格局划分，每个人都能拥有最完整的生活空间，用玄关将空间分成三个层次，起居、开放式厨房和餐厅与动线不交叉的三间套房。把阳台留给餐厅，城市的早餐也能拥有绿意。人需要呼吸，因此总在拥挤中找寻放松的机会。这便是最初的设计理念。在有限的空间内，设计师为业主打造透过岁月洗练的生活空间。

平面图

河岸之心
River Bank

主案设计：苏健明
项目面积：116平方米

- 玄关立体面、地面呈现不等比的分割线条，产生律动感。
- 空间采用木地板搭配简约家具，呈现自然质朴的氛围。
- 黑白装饰画、工艺精湛的茶几、精致高档的沙发地毯，富有浓郁艺术气息。

　　设计师利用"诱导式结构美学"的设计观念，为业主打造了治愈感十足的水岸风景宅，细腻地引入了自然的风景，并建立了身为居家核心的岛屿吧台，让温柔的力量在空间中发散，营造着人文质朴的悠闲生活氛围。

　　设计师将原先四房的旧格局打通成一房，赢得九米水景左岸。入客厅即可从窗户看见视野宽敞、坐拥九米水景的山光水色。客厅天花板也呼应户外水景，呈现水波意象。同时以风琴帘调节户外光线，可在隐秘状态下自在观景。

　　利用电视墙串联吧台与餐桌，形成客、餐厅流畅的娱乐动线，并采用石材与实木混搭成协调美感。吧台餐厅空间以125°角创造最佳视野，让业主在开放式客厅与餐厅吧台中都能欣赏不同的地理景观。通过设计师的巧妙处理，无限好风景完美融入到室内空间。主卧床头装饰画与床上家纺互相映衬，彰显不俗的居家品位。

时尚Loft
Fashion Loft

主案设计：张凯 / 设计公司：惹雅设计
项目面积：172平方米

■ 用金属面板搭配原市饰条作为电视墙体设计。
■ 轻盈的原市、铁件造型的桌板，使空间清爽简约。
■ 整体空间具有纯净优雅，白色前卫且充满时尚感。

　　前卫印象的黑白色调，演绎业主盼望的当代精品风格，建筑语汇与穿透材质的设计手法，在空间机能里信手捻来，搭衬温润手感的木地板，在冷调的时尚中创造属于家的纯净质感。

　　白色的切割屏风与立体造型的吧台为空间的灵魂，配以大面积黑色区块的电视主墙，以醒目的姿态创造简洁俐落的视觉效果。

　　设计师为了保持空间的敞朗与舒适，降低空间的视觉重心，并透过黑玻璃隔间取代实墙，营造开放的空间态度，为Loft风格作了时尚精品的再诠释。

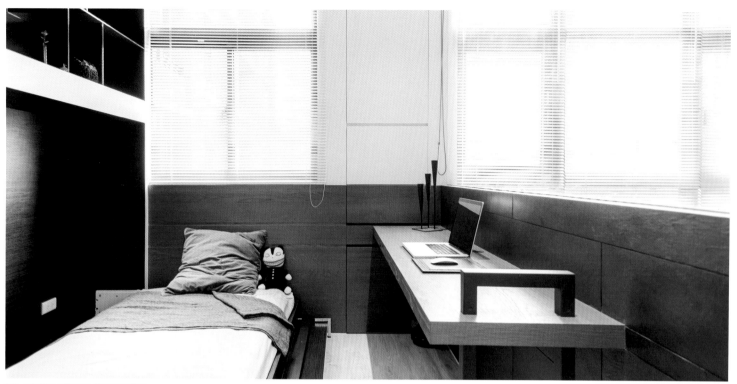

拿铁
LATTE

主案设计：官艺
项目面积：490平方米

- 木质梯子有很好的实用性，使硬朗的石材空间更加柔和。
- 黄色座椅具有温和柔美的曲线，圆形椅背搭配以丝绒打造的柔软坐垫。
- 全哑光、半哑光、高光，不同质感的材料在同一空间相映成辉。

　　设计师说：住宅是生活的容器，反映着居住者的生活态度、美学品位与文化特征。空间设计以LATTE为灵感来源，在色彩搭配、材质选择等方面围绕主题深入展开。

　　设计师对色彩的运用也非常节制，使得空间看起来不杂乱。为了让空间更加通透，拆除了客餐厅之间的原有墙体。同时新做一面两个空间共用的U形墙，使整个空间的动线更加合理。咖啡色沙发的顶级皮料契合着LATTE的主题，浅米灰色的玄武岩地砖，低调内敛又富有人文气质，与沙发相辅相成。

　　U形餐厅隔断的两侧采用古铜材质，Melt Lamp 吊灯就像正在变形的火山熔岩。厨房、早餐台、正餐台三点一线。楼梯由美国白橡木和原创的铜制栏杆组成，同时栏杆的序列感又被油画中澎湃的海浪打破。为了尽量减少同种材质的色差，在窗套的选择上大胆地使用了古铜材质的金属包边。书房使用NAIDEI的沙发床，优雅舒适而不失实用。女孩房间采用蓝色床品和橙色的沙发，具有混搭风格。

极简主义
Minimalism

主案设计：孙建亚 / 设计公司：上海亚邑设计
项目面积：420平方米

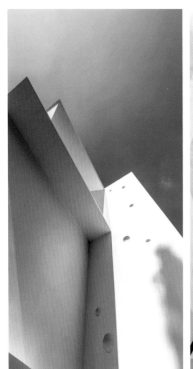

- 从户外景观、建筑到室内，一气呵成，没有多余装饰。
- 利用黑色不锈钢书架分割挑空区与电视墙的界面。
- 利用墙面的分割来完成并隐藏功能性较强的门片，使屋内所有房间均不使用门框。

本案业主崇尚极简主义，把这栋有着二十年屋龄的坡屋顶别墅，改造设计成极简的建筑风格，是对设计师极大的挑战。

设计师对建筑及外立面进行了较大的修改，把原有的斜屋顶拉平，并且把外凸的屋檐改建为结构感很强的外挑样式，并以方盒为基础的设计理念，重新分割成功能性较强的露台或雨篷，既增强了建筑的设计感，又增大了空间的实用性。

在室内，设计师剔除了一切多余的元素及颜色，利用墙面的分割达成空间的使用机能。不同角度倾斜的爵士白大理石拼接，成为空间的主角。楼梯间的光线设计成内嵌在墙面大小不一的气泡，有种拾级而上的互动，并与外立面协调一致。

整体设计秉持了极简主义风格，简化了因功能而装饰的多余造型，并添加了贯穿空间的特征，让设计更具有感染力。

竹风低吟
Bamboo Wind

主案设计：林宇崴
项目面积：248平方米

- 厨房花砖的视觉亮点撞击出微妙平衡。
- 空间规划合理，利用率高，让过道空间隐形，一气呵成。
- 蜿蜒灰色铁件，扶摇而上，以回字形串连了5个楼层的灵魂。

本案是狭长的连栋别墅，最大的问题是中段缺少采光。除了采光之外，过道空间多、动线不满足生活需求、收纳不足都是需要一一突破的问题。

破坏是再生的前奏，打掉一面墙之后，把每层楼梯前的过道空间，都纳入了实用空间；打掉一面墙之后，以玻璃、铁件帷幕取代原本隔绝的高墙，引光入室；打掉一面墙之后，生活的重心有了新的定义。

开放式的一楼空间，仿清水模漆的背墙大面积地延展，与无缝创意水泥地板的自然肌理交互出有层次的灰阶。微奢华的主卧，双染色木皮平衡了大理石的冷静，主墙以细致的铁件钉入其砖缝中，低调中更显细节美感。

方寸间的褶皱
Imagination within Inches

主案设计：邵唯晏
项目面积：1100平方米

■ 量身定制的会客室座椅，呈现了动感有力度的曲面皱褶。
■ 搜集可再利用的实木角料，经过漆料的修补拼接构成空间的格栅，节能永续。

业主是布料界的成功经营者，整体的设计理念承载了业主对于美学的独到喜好和企业识别。布料是一种演绎性很高、充满生命力的材质，透过不同的外力会产生褶皱，进而生成有机的肌理形变，方寸间演绎出无限的可能。

形式上，从布料的绉褶出发，凝聚了一个动态运动中的片刻，透过有机、非线性、抽象的写意风格，创造了具有动感韵律的空间物件群，进而编织成一种超现实的诗意空间。

设计师打开了二楼的楼板，创造出一个挑高八米的开放公共空间。在空间中置入了一个大尺度的空间物件，每日夕阳的余光透过云隙洒落在这块"布料"上，和皱褶肌理上演了一场光影秀，映射感染了整个空间。

樾·界
Creative Fashion

主案设计：胡飞
项目面积：200平方米

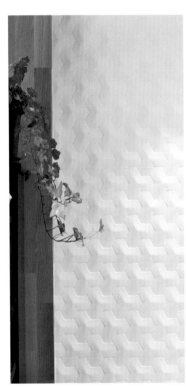

■ 硬装以暖灰色、白色为主色调，软装搭配高纯度的色彩，凸显活力。

■ 客厅空间采用蓝色、红色等纯色抽象题材装饰画来点缀。

现在越来越多的年轻业主选择摒弃繁复的装饰，拥抱更和世界接轨的现代风潮，本案正是设计师和业主对现代生活的一次展望和拥抱。这是一个跃层住宅设计，业主是一对80后的年轻夫妇，崇尚简约主义，他们对设计的创意度和时尚度有着很高的要求。

住宅的首层承担着家庭公共区的所有功能，设计师将西厨的吧台和餐桌的功能结合起来，扩大了厨房的使用功能空间又不影响客餐厅空间。厨房门没有采用一般的推拉移门，而是定制了一幅抽象装饰图案的外挂滑轨门，保证了整个空间简约的设计感。

设计师重新设计了楼梯的排布，同时楼梯的首层作为一个独立的大平面，暗藏了楼梯下景观，连接了电视柜，从进门玄关经过楼梯到达客厅这条动线由地台的设计元素贯穿起来，一气呵成。

雅舍

Elegant Mansion

主案设计：杜恒 / 设计公司：SCD（香港）郑树芬设计事务所
项目面积：1500平方米

■ "减法设计"理念创造"去繁取简"又不失品质感的空间。
■ 油画填补空旷墙面，大小、高低、疏密、色彩恰到好处。
■ 简洁的线条有条不紊地呈现在主卧空间中，体现东方雅奢的
幽静与格调。

设计师试图通过记忆和体验去创建并雕刻空间，坚持用平凡的生活、人性的痕迹感动世界；在实现个人价值的同时，改变更多人的生活方式与生活态度。

本案展现出有别于"传统奢华"的气质——内敛、高质感、文化、时髦、优雅、矜持而适度，这种独特的气质正是设计师提出的"雅奢主张"。设计师在进行设计创作时，非常注重空间的文化内涵塑造，倡导人们追求一种高品质、低调内敛而独具个人格调的奢华感，而非表面金银堆砌的豪奢，讲究将优雅奢华渗透到生活的每个细节，推崇优雅、高质感、低调时髦的生活方式。

本案是连栋别墅，为了满足业主的要求，大到空间划分，小到线条描绘，设计师都经过近乎苛刻的推敲。在"减法设计"理念的指引下，从欧洲直接进口的家具及灯饰、近百件当代油画家作品消融于空间中，尽显雅奢气质。

碧云居

Mansion

主案设计：孟繁峰
项目面积：120平方米

- 家具的材质多为胡桃木，增加了空间的层次感。
- 深色系的现代简约家具，使整个空间色显得稳重大气而又不单一。

本案主要在探讨家在一个个体生活中的意义，它的存在形式，它想要营造的氛围以及要表达的生活方式。

设计师在风格表达上，融合了中式文化的简练，线条式地勾勒了家的轮廓，工业风的金属感、怀旧感增加了家的记忆性。他打破了三居的小环境，破除了一居成为二居，但是强化了餐厨空间，让民以食为天的中国人在餐厨空间中更能得到充分的交流互动，以增加家庭沟通的频率和机会。带中式韵味的摆件，为空间添加色彩的同时，也显出几分别有的韵味。

朴真雅居

Simple and Real

主案设计：许天贵 / 设计公司：传十空间设计
项目面积：280平方米

- 大量运用天然市皮面材与石材，温润朴质。
- 电视墙的滑门用白色方块做出层次堆叠。
- 以大地色为主色调，搭配各式灯光，具有人文气息，刻画素朴真实的居家风情。

　　设计的思路是回到人性最原始的需求，就是"崇尚自然""健康舒适的物理环境"以及"家的主题感与归属感"。设计师希望能在业主喜欢的简约现代的风格上，同时彰显业主热情好客的真诚性格，响应周围环境的绿意，增添朴实的人文气息。

　　设计师用ㄇ型平面配置取代长屋设计，形成较佳的开窗与通风条件。增加大面开窗，引入绿意美景以及良好通风，提供开阔、闲适、疗愈之氛围。连接各层的楼梯，特以轻巧的钢构造与强化玻璃，增加梯间采光，营造通透轻盈的空间体验。设计师用简练的手法来表现材质的天然质朴，营造出自然放松的生活氛围。户外绿意及光线借由廊道玻璃引进，在百叶窗及间接光的调整下，楼梯转换出不同的层次表情。

半山建筑

Semi-mountain Architecture

主案设计：杨焕生 / 设计公司：杨焕生设计事业有限公司
项目面积：379平方米

■ 线条硬朗，色彩搭配自然。
■ 整体空间给人低调、沉稳的感觉，运用较多日式元素。

　　这栋建筑位于八卦山台地，视野辽阔，可以远眺中央山脉群山，也可俯瞰猫罗溪溪谷，拥有宁静优雅的文化与风土，业主希望建筑落成时能在室内欣赏这份景致。

　　自然流动在其间的不只这些自然元素，还包含了人的动线、功能的布局、视线的角度、身体的感触；这一流畅的空间可以孕育一个人身处半山环境的身心感受，并随着空间文化的流动，微妙地改变居住者的心灵变化。建筑以清水混凝土墙构筑，室内桧木屏风与室外的孤松形成光影对话。建筑构法简单及清净，但依然讲究建筑所重视的光影、通风与地景的微气候效应。

　　这肌理曼妙流动于宁静光影空间之中，空间是背景，生活是主体，利用简化格局与宽阔动线拉长空间距离，让人难以一眼望尽屋内所有动态。